監修 順天堂大学
保健医療学部特任教授
坂井建雄

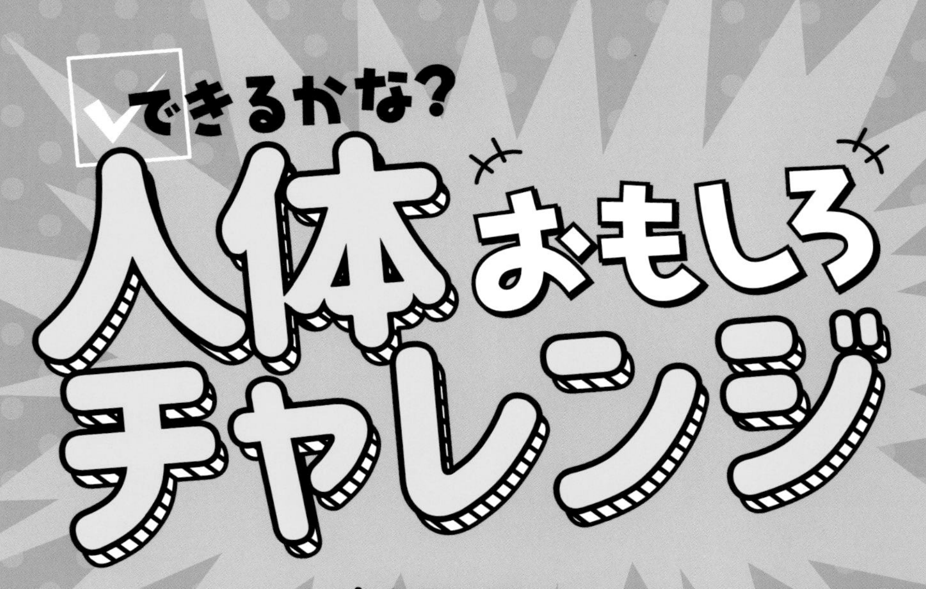

できるかな? 人体おもしろチャレンジ

新発見!
人間の脳・神経・反射のはなし

えほんの杜

ぷよよん
ぷよよん

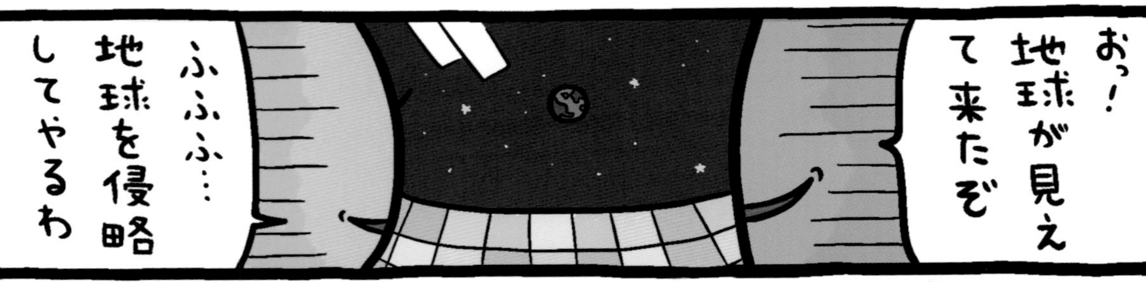
おっ！地球が見えて来たぞ
ふふふ…地球を侵略してやるわ

じゃじゃーん
待ちどおしいわ～
なーにすぐさ♪

どれどれ覗いてみようかな～
これが人間か～～～
あ、でも待って！
これも地球人よ
これも
これも
なんかすごく色んな種類がいるな…
侵略する前にまず敵のことを調べましょー！

はじめに

「人体おもしろチャレンジ」へようこそ！
この本では、実際に君たちの体を使って
人体についてのいろいろなテーマに〝チャレンジ〟してもらうよ。

「そんなことカンタンだよ！」と、ふだん意識しないでやっていることでも、
人体に隠されている〝驚きのしくみ〟が発見できるよ。

一見カンタンにできそうなことなのに、どう頑張ってもなぜかできない…、
そんな不思議なこともあるよ。
（もしできたら本当にすごい！　みんなに自慢しよう！）

ＰＡＲＴ１「やってみよう」は、
体や指を動かしたり、記憶したり、思い出したりする、
たくさんのチャレンジがあるよ。
体を動かすための脳のはたらき、筋肉や骨のしくみなどがわかるよ。

ほかにも、ある刺激を受けると体が勝手に動いてしまう、
「反射」についても説明しよう。

PART2「さがしてみよう・くらべてみよう」では、
自分の体をじっくり観察したり、友達や家族とくらべてみたりするよ。
人間の体はみんな同じつくりのように見えるけど、
ある人とない人がいる〝レアな器官〟があったりするよ。
これには人間の「進化」が関係しているんだ。

最後のPART3「どうしてこうなるの?」では、
君の体に起こる、困ったことや不思議なこと、ちょっと恥ずかしいことについて、
体のなかで起こっている〝しくみ〟について解き明かすよ。

すべてのチャレンジを終えたら、きっと君は「人体博士」になっているよ。
どのページからでも始めることができるから、
気になるテーマから挑戦してみよう!

坂井建雄

できるかな?

人体おもしろチャレンジ

新発見! 人間の脳・神経・反射のはなし

じつは人間ってスゴイ生き物なのかしら?

CONTENTS

PART 1

やってみよう

人間の体には
いろいろな
違いがあるぞ!

PART 2

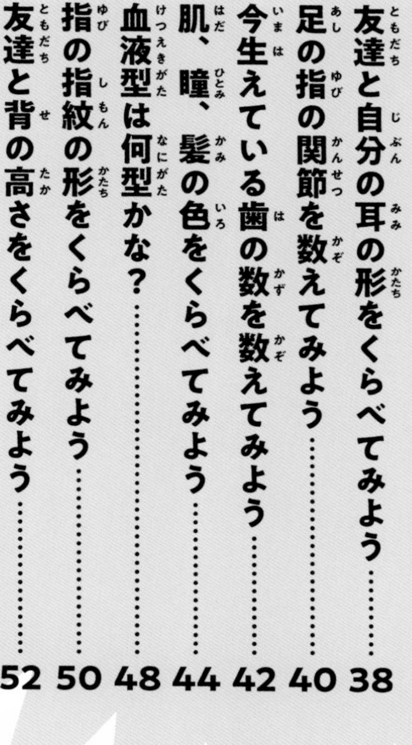

さがしてみよう・くらべてみよう

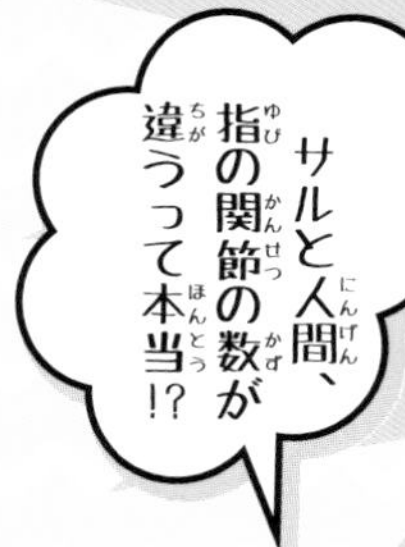
サルと人間、
指の関節の数が
違うって本当!?

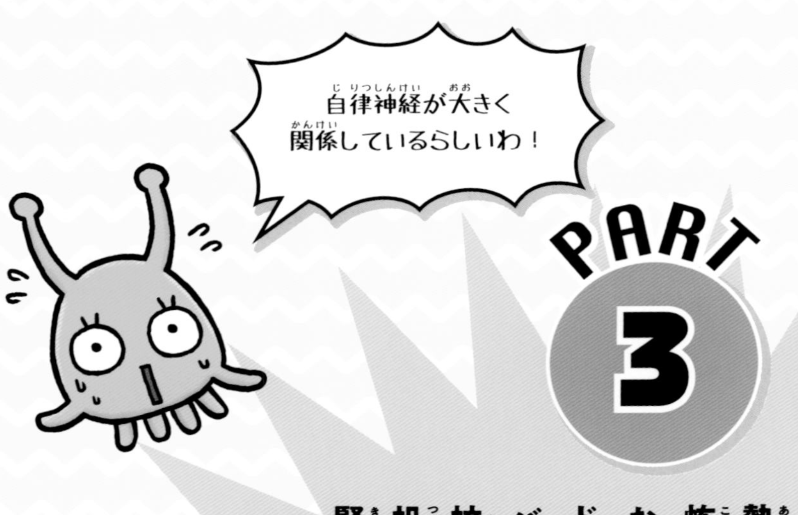
自律神経が大きく
関係しているらしいわ！

PART 3

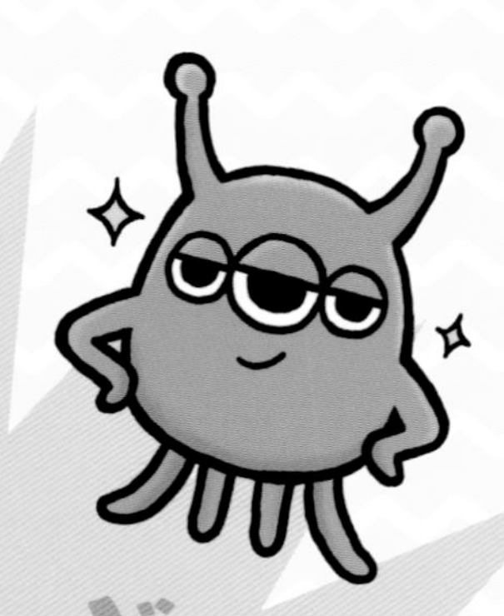

どうしてこうなるの？

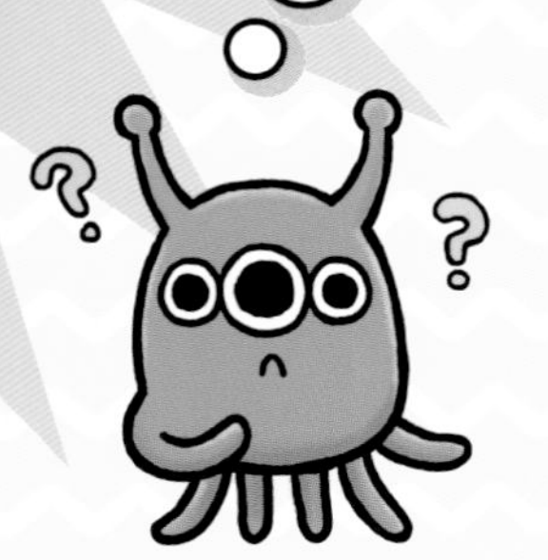
どうして
鼻水は出るん
だろう？

CONTENTS

Column

この本を楽しむために

「人体おもしろチャレンジ」には、難しいことや人間にはできないこともあるよ。無理な動きをしないように気をつけてね。人体の説明や研究については諸説あるよ。

この本の使い方

人体についての解説

科学の視点から、チャレンジ内容や人の体のしくみについて解説しているよ。

チャレンジ内容

君に挑戦してもらうチャレンジ内容だよ。

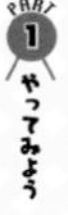

ほかの指もつられて曲がってしまう！

親指を1本だけ曲げることはカンタンだけど、人差し指から小指にかけて、どんどんむずかしく感じたんじゃないかな？　指を曲げるときは、脳からの「指を曲げて」という信号が神経を通して筋肉をちぢませ、筋肉の力が「腱」に伝わることで、指を曲げることができるよ。

親指以外の4本の指の腱はまとまっているから、小指を1本だけ動かそうとしても、ほかの指もつられて動いてしまうんだ。親指の腱は独立しているから、親指は自由に動かすことができるよ。とくに小指だけ動かすことのできる人はなかなかいないよ。だけど神経は訓練で鍛えることができるよ。練習すると指を1本ずつ動かせるようになるから、ピアノなどの楽器を演奏している人は、指をたくさん動かしているからできるかもしれないね。

つめがなかったら
指先が
ふにゃふにゃに
なっちゃうかな～？

手で物をつかむことができるのは「つめ」のおかげ

指の先には骨が届いていないから、「つめ」がないと物をつかむときの力にたえることができないよ。硬いつめが指先の支えとなって、指の先に力を入れることができるんだ。

また、指の先は神経がたくさん集まっていて敏感だよ。さらにつめには指先を守る役割もあるよ。足のつめも体を支えたり、歩くために力を入れたりする重要な役割があるんだ。つめがないと歩くこともできなくなってしまうよ。

13

手の指を1本ずつ曲げることはできる？

手のひらを広げて親指だけを曲げて、戻してみよう。
このとき、曲げない指は動かさないようにするよ。
次は人差し指だけ…、中指だけ…と1本ずつ曲げてみよう。

12

プチコラム

チャレンジに関係する人体や動物についてのミニ知識が満載！

説明イラスト

チャレンジ内容や人体についての解説をイラストで説明するよ。

PART 1 やってみよう

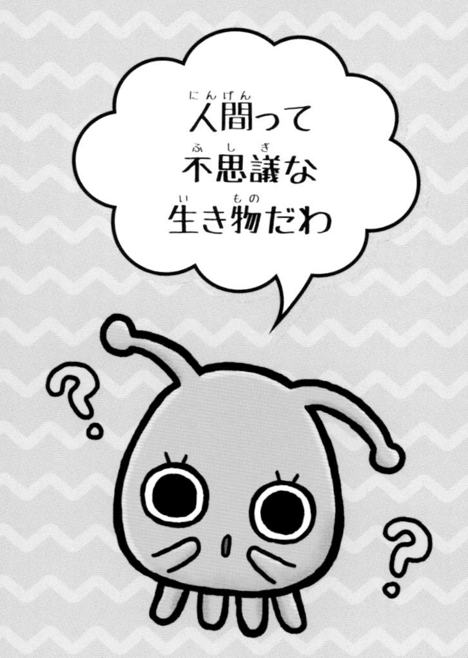
人間って
不思議な
生き物だわ

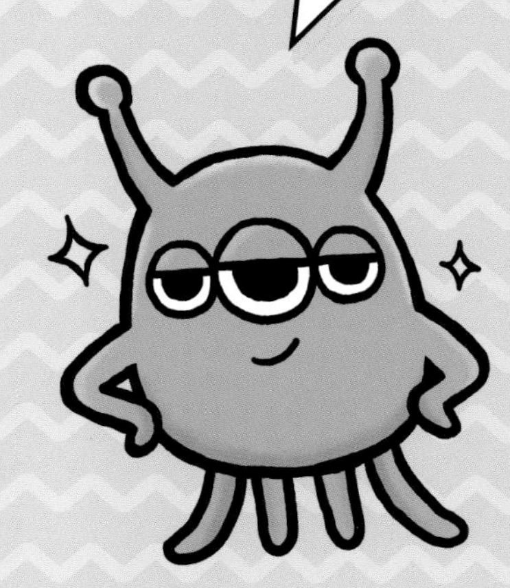
覚えることは
得意だよ！

手の指を1本ずつ曲げることはできる？

手のひらを広げて親指だけを曲げて、戻してみよう。このとき、曲げない指は動かさないようにするよ。次は人差し指だけ…、中指だけ…と1本ずつ曲げてみよう。

ほかの指もつられて曲がってしまう!

親指を1本だけ曲げることはカンタンだけど、人差し指から小指にかけて、どんどんむずかしく感じたんじゃないかな? 指を曲げるときは、脳からの「指を曲げて」という信号が神経を通して筋肉をちぢませ、筋肉の力が「腱」に伝わることで、指を曲げることができるよ。

親指以外の4本の指の腱はまとまっているから、小指を1本だけ動かそうとしても、ほかの指もつられて動いてしまうんだ。親指の腱は独立しているから、親指は自由に動かすことができるよ。とくに小指だけ動かすことのできる人はなかなかいないよ。だけど神経は訓練で鍛えることができるよ。練習すると指を1本ずつ動かせるようになるから、ピアノなどの楽器を演奏している人は、指をたくさん動かしているからできるかもしれないね。

つめがなかったら
指先が
ふにゃふにゃに
なっちゃうかな～?

手で物をつかむことができるのは「つめ」のおかげ

指の先には骨が届いていないから、「つめ」がないと物をつかむときの力にたえることができないよ。硬いつめが指先の支えとなって、指の先に力を入れることができるんだ。

また、指の先は神経がたくさん集まっていて敏感だよ。さらにつめには指先を守る役割もあるよ。足のつめも体を支えたり、歩くために力を入れたりする重要な役割があるんだ。つめがないと歩くこともできなくなってしまうよ。

手を使わずに耳だけ動かすことができる？

耳に神経を集中させてみて。
耳だけを動かせられるかな？

獲物や敵の音を
聞き取るための
くふうだね！

イヌやネコの耳はよく動くけど、フクロウの耳は動かない

イヌやネコの耳介筋は10 ～ 14種類もあって、とても発達しているよ。獲物や外敵の音を聞き取るためにも、耳をピクピクと動かして聞き耳を立てることができるよ。また、耳を倒すのは、とび出ている耳を外敵から噛みつかれないようにするための防御の姿勢でもあるよ。

小動物の狩りをするフクロウには耳介筋がなく、耳を動かすことができない代わりに、首を動かして方向を確認するよ。聞こえてくる音を耳の位置や角度をずらして聞き取ることで、左右の鼓膜に伝わるわずかな時差で、位置を判断するよ。

練習したら動かせるようになるかも！

耳には「内耳介筋」、周辺には「外耳介筋」という筋肉があって、まとめて「耳介筋」というよ。耳介筋は筋肉の端が皮膚とつながっているから、耳を動かせるくらいの強い力は入りにくいんだ。人間は進化の途中で首の筋肉が発達して、音が鳴る方向へすぐに顔を向けることができたんだ。だから耳を動かす必要がなくなり、ほかの哺乳類にくらべて耳が小さくなって耳介筋が衰えたという説があるよ。

耳を動かすことのできる人は、耳本体を動かしているのではなく、耳周辺の筋肉を動かすことで、それに引っ張られて耳が動いているよ。こめかみから耳の後ろ側の筋肉に意識を集中させることがコツみたいだよ。練習しなくてもできる人は稀にいて、なかには左右別々に動かすことのできる人もいるよ。

昨日の晩ご飯を思い出してみよう

昨日の晩ご飯を思い出した瞬間、目はどこを向いていたかな？

考えていることで目の動きが変わる説！

目の動きには脳のはたらきとつながりがあることがわかっているよ。考えごとをするときに、上の方を見る人が多いそうだよ。それは、記憶を思い出したり、考えたりするときに、目に見えているものがよけいな情報としてジャマになってしまうからだよ。人は目や耳などの五官から入ってくる情報のうち、目からの情報は約80%といわれているよ。だから、上のほうを見て目からの情報量を減らして考えに集中しようとするんだ。下を向いたり、目を閉じる人もいるけれど、上を見る人のほうが多いよ。

心理学では「過去のこと」を考えているときは左上、「未来のこと」や想像しているときには右上を見るという説があるよ。昨日の晩ご飯を思い出したときには、左上を見る…ということになるけれど、どうだったかな？

エレベーターで目をつむってたら階数がわからなくなっちゃう〜

混んでいる電車やエレベーターのなかでみんなが同じ方向を見てしまうワケ

満員電車やたくさん人のいるエレベーターのなかでは、なんとなく上を見つめている人が多いよ。電車のつり革広告、エレベーターの階数表示のランプなどを無意識に見つめてしまうんだ。それは「パーソナルスペース」が関係しているからといわれているよ。パーソナルスペースとは、自分がストレスを感じない、人との距離やエリアのこと。男性は前後に長い楕円、女性は円に近い形をしているという説があるよ。

人が近くにいてきゅうくつに感じるときには、上を見て不快感をまぎらわせてガマンしているそうだよ。

時計を見ないで答えて！　今、何時？

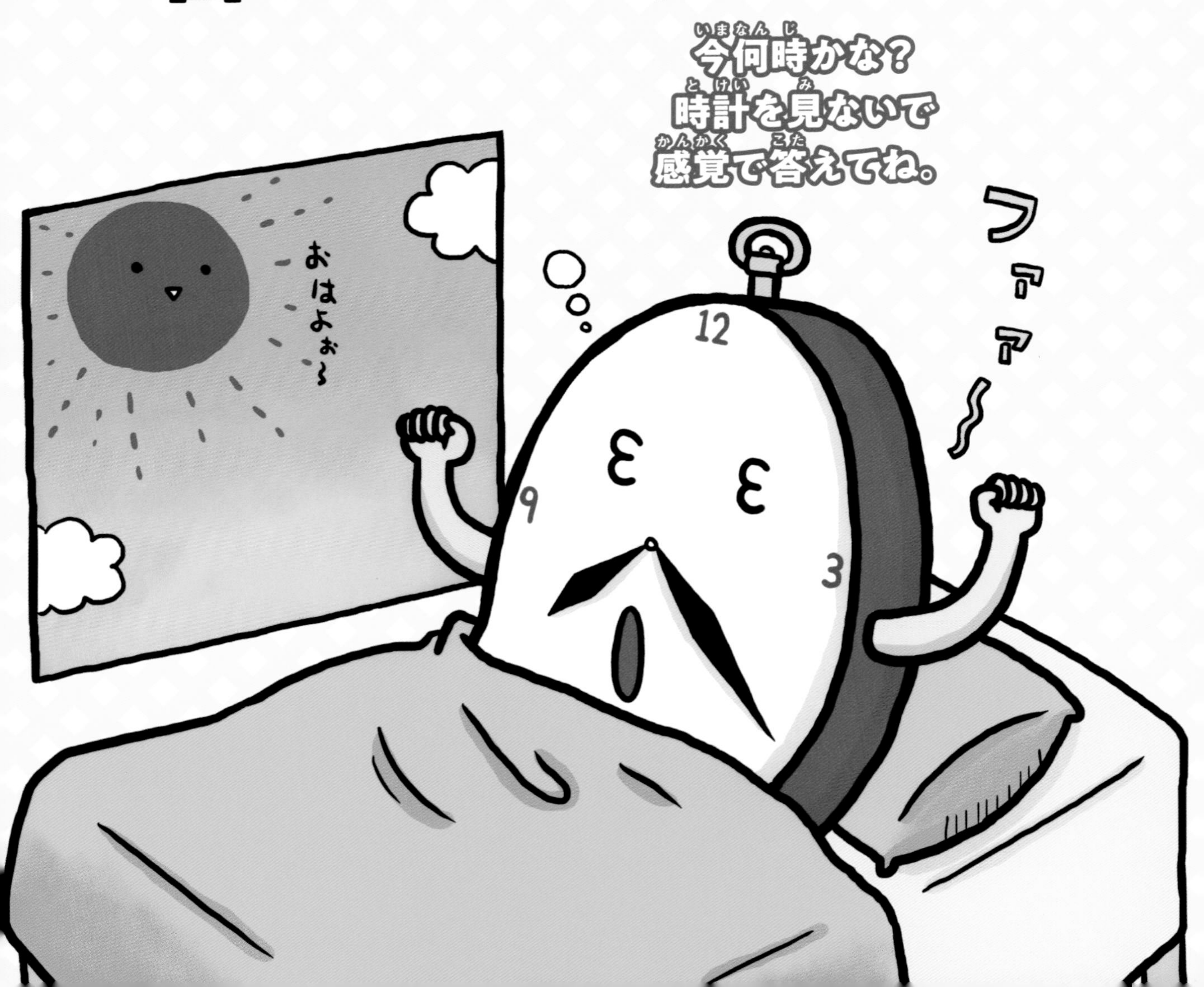
今何時かな？
時計を見ないで
感覚で答えてね。
おはよぉ〜
ファア〜
12
9
3

夜の人工的な光は体に悪い！寝るときは部屋を暗くしよう

夜寝るときに部屋を暗くせずに、明るい状態のまま寝てしまうと、体によくないといわれているよ。夜暗くなると脳では「メラトニン」というホルモンが作られるんだけど、これが人のねむりと目覚めのリズムを調整しているんだ。

夜に電灯やスマートフォン、パソコン、テレビなどの人工的な光をあびていると、メラトニンの量が減ってしまい、夜になっても眠たくなくなったり、寝ても睡眠が浅くなったりするキケンがあるよ。だから夜や寝る前は明るいものを見るのを控えるといいよ。

体の中に「時計」があるよ

「お昼の12時にご飯を食べたから、今はだいたい15時くらいかな」なんて、お腹の減り具合から時間を考えた人もいるかな。これを「腹時計」というよ。人の体には「体内時計」があって、朝に太陽が昇ったら目が覚めて、夜に眠くなって寝る…といったサイクルが作られているよ。体内時計にとって大切なのが、脳にある大きさ約1㎜角の「視交叉上核」だよ。

1日の生活リズムに合わせて、体のなかにさまざまな「ホルモン」という化学物質が出ているんだ。目が覚めたり、眠くなったりするのはそれぞれのホルモンによるはたらきだよ。

1日は24時間だけど、人の体内時計は25時間サイクルという説があるよ。1日に1時間のズレができてしまうんだけど、朝日をあびると体内時計がリセットされるんだって。

不思議！

その1 人間ができそうでできないこと

「こんなのカンタンにできるよ！」と思っても、じつは人間にはむずかしいことだよ。

やってみるとビックリ！むずかしいぞ！
上げられない×

体の側面を壁につけると、反対側の足を上げることができない

立った状態で片足を上げることはできるよね。だけど、体の側面（右側と左側どちらでもいいよ）を壁にぴったりとつけて立ってみよう。この状態で壁につけていないほうの足は上げることができないんだ。

目は左右別々に動かせない

人間はこれができないらしい

私たちはカンタンよねー

右目は右のほう、左目は左のほう…といったように目は左右バラバラの方向に動かすことはできないよ。これは見る対象物にピントを合わせるため。左右バラバラに目が動かせても、目のピントが合わないからはっきりと見えないよ。

ヒジとアゴはくっつけられない

肩からヒジまでの距離は、ヒジをアゴにつけることができそうで、できないくらいの長さだよ。まれに、まだ腕が短くて肩の関節がやわらかい子どもはできる場合があるらしいよ。

座った状態で眉間を押さえられると立てない

イスに座った状態で、ほかの人に指1本で眉間を押さえられると、立とうとしても立てなくなってしまうよ。イスから立つときには前かがみになって足に体重をかけるんだけど、頭を押さえられると動けないんだ。

指1本で人間を動けなくすることができるなんて、スゴイわ！

10桁の数字を20秒で暗記してみよう

自分以外の人に、好きな10桁の数字を紙に書いてもらおう。
それを20秒で暗記してみて。何桁まで覚えられるかな？

数字を記憶するには「コツ」があるよ

人の記憶には、短い期間だけ覚えている「短期記憶」と、長い期間覚えている「長期記憶」の2種類があるよ。今覚えた数字は短期記憶で脳の「海馬」というところに記録されて、すぐに忘れてしまう人が多いよ。これは数秒から数日間で忘れてしまうんだ。長期記憶は脳の「大脳皮質」という部分で保存されるよ。海馬で一時的に記憶したものを、何度もくり返して思い出すことで、短期記憶が長期記憶になるよ。

人が瞬間的に記憶できる限界の数を「マジカルナンバー」といって、この数は4つ前後や7つ前後という説があるよ。数字10桁をすべて覚えるのは難しかったんじゃないかな。だけど覚えやすくする方法もあるよ。それは数字を3つ~5つくらいに区切ること。電話番号や郵便番号も、区切ってあるほうが覚えやすいよね。

「グレリン」で記憶力がアップ！ 人はお腹がすくと頭がさえる？

生き物はピンチのときに記憶力がアップするよ。命の危険があるときには、敵がいる場所やエサがある場所などを覚えておかないと、生き延びることができないからだよ。これは人の脳にも備わっているんだ。お腹がすいた状態では、海馬と神経細胞のつながりが30%も増えて、記憶力が上がった…という実験結果があるよ。お腹がすくと、「グレリン」という化学物質が胃から出るよ。それが血管を通って脳に届けられて、食欲がわくんだ。このグレリンによる影響だよ。

自分の顔の右半分と左半分を見くらべてみよう

いつも全体を見ている顔を、右半分と左半分をそれぞれ隠して見てみよう。

右側
左側
ほんとだー♪
キリッ
ほわん
注こんなに変わりません
うそニャ

顔の左側はやさしくて右側はクールな印象だよ

顔の半分を隠して見くらべると…自分の顔だけど印象がだいぶ変わって見えるよね。目の大きさや口の形、りんかくの形など、左右がぴったりと対称になっている人はあまりいないんだ。それは、顔の左側は右脳が、右側は左脳がそれぞれコントロールしているからだよ。

右脳は映像や音、空間の広さなどの感覚をとらえたり、感情をになっているよ。左脳は言葉を話したり計算したりするときに使われているよ。そして、右脳は体の左側、左脳は体の右側からの情報を処理したり、コントロールしたりしているんだ。だから、右脳の影響を受けている顔の左側はやさしくて表情が豊かな印象で、逆に顔の右側は左脳の影響によって知的でクールな印象になっているといわれているよ。

イルカやチンパンジーの脳にもシワがあるんだって！

脳の「シワ」を広げてみるとほぼ新聞紙1枚分の大きさ！

脳の表面は、「大脳皮質」で覆われていて、ものを考えたり言葉を話したりするときに使われているよ。脳の模型やイラストを見ると、脳はシワシワした形になっているよね。それは、限られた容積のなかで表面積を大きくしてたくさんの神経細胞をもつために、大脳皮質にはたくさんのシワがあるんだよ。

大脳皮質の厚さは約1.5～4mmほどあるよ。神経細胞は約140億個あるといわれていて、シワを広げてみるとほぼ新聞紙1枚分の大きさになるよ。

梅干しやレモンを じーっと見てみよう

梅干しやレモンなど酸っぱいもの（写真でもいいよ）を見つめてみて。

ベルが鳴れば
エサ…。
連想ゲーム
みたいだね！

ベルを聞いただけで唾液が出る！「パブロフの犬」の実験

条件反射については、旧ソ連の生理学者イワン・パブロフの実験が有名だよ。犬にベルの音を聞かせた後にエサを与えることをくり返し行ったんだ。

その結果、その犬はベルの音を聞いただけで、唾液を出すようになったよ。くり返すことで条件反射が起きるようになるのは、もともと備わっていた「エサを食べるときに唾液を出す」という無条件反射に、くり返して学習した「ベルが鳴ればエサが食べられる」という条件が結びついたからだよ。

あれれ？ 口のなかにみるみる…

梅干しの写真をじーっと見てみると、じわじわと口のなかに唾液が出てくるよね。これは酸っぱい梅干しを食べたときに、たくさんの唾液を出したことがあるから起こるんだよ。このように、ある経験から体が学習したために起こる反応のことを「条件反射」というよ。また、酸っぱいものを食べたときに唾液が出るのは、生まれつき備わっている「無条件反射」だよ。

現代は酸っぱくておいしい食べ物は多くあるけれど、大昔は酸っぱいものといえば、腐っているものや毒のあるものだったよ。そのため、酸っぱいものを口のなかに入れると、毒性をうすめたり流すためにたくさんの唾液を出すと考えられているよ。

ちなみに、梅干しを食べたことのない人は、梅干しを見ただけでは唾液は出ないよ。

腕を体の前でサッと組んでみて

体の前で腕を組んでみよう。
この時、右腕と左腕のどちらが上になったかな？

腕の組み方で「脳のタイプ」がわかるよ

人は無意識に右脳か左脳のどちらかをよく使うクセがあるといわれているよ。腕を組んだときに、右腕が上にくる人は「左脳タイプ」で、文章の読み書きや計算など、論理的な作業が得意だそうだよ。左腕が上にくる人は「右脳タイプ」で、絵を描いたり音楽を聴いたり、感覚的な作業が得意だよ。左脳タイプは論理的で、右脳タイプは感覚的という傾向があるよ。

また、人は左脳を使いすぎる傾向があるため、「右脳トレーニング」といって、左手で字を書いたり、音楽を聴いたりするといいといわれているよ。しかし、芸術的な感覚や空間認識能力は生まれつきの才能も関係していて、右脳と左脳はつねに「脳梁」という神経線維を通じて情報交換をしているので、トレーニングには科学的な根拠はない…という意見もあるよ。

脳のなかにも
動き出すのに
時間がかかる
部分があるん
だね

「ムカッ」は3～5秒ガマン
怒りが爆発してしまいそうなときは深呼吸

頭がカッチーン！　となることはだれにでもあるよね。「頭にくる」というけど、この怒りの気持ちは脳の「大脳辺縁系」という部分のはたらきによるんだ。

怒りを落ち着かせるのは、脳の「前頭葉」だよ。でも前頭葉は突然わいた怒りには即座に反応ができないんだ。前頭葉がはたらき出すまでに必要な時間は、３～5秒といわれているよ。ムカッときたときには深呼吸をしてこの時間をかせいでみよう。前頭葉がはたらいて気持ちを落ち着かせてくれるかもしれないよ。

鼻をつまんで ご飯を食べてみよう

ご飯やお菓子を食べるときに、鼻をつまんでみて。
鼻をつままないときとくらべて、味は変わったかな？

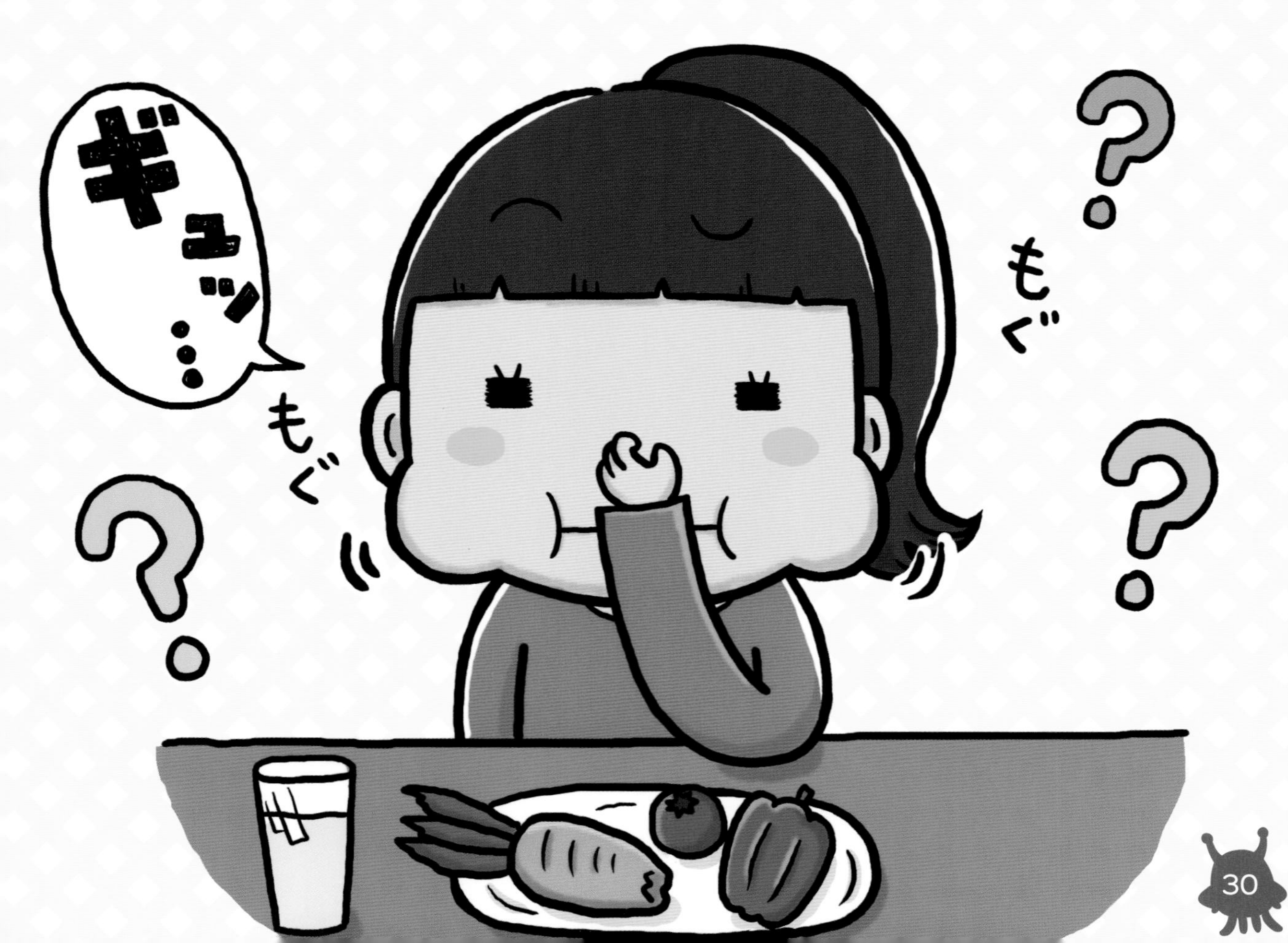

からいと感じる
「辛味」は痛感受容器で
とらえる「痛み」の
一種なんだって

大人のほうが味に鈍感！味覚がいちばん敏感なのは中学生

子どもが苦いもの、酸っぱいものをおいしく感じられずに、甘いものが好きなのは、大人にくらべて「キケンな食べ物センサー」の味蕾の数が多いからだよ。子どもは味蕾の数が多くて、大人になると数が減っていくよ。大人が苦いコーヒーなどを飲んでいるのは、子どもよりも大人のほうが、舌が鈍感になっているからなんだ。味覚がいちばん敏感なのは中学生の時期といわれているよ。

また、おおよそ4人に1人、生まれつき味蕾の数が多い「スーパーテイスター」という、味にすごく敏感な人もいるよ。

味を感じるのに大切な「におい」

鼻をつまんで食べると、いつもの味と違うように感じたり、味がわからなくなるよね。それは、味を判断するのに、「におい」が大きく関係しているからなんだ。人間は食べ物を口に入れる前、安全かどうかを確かめるために、まずにおいで確認しているよ。だから、味を感じるときににおいはとても重要で、においの感覚がなくなると、感じる味も影響を受けるよ。

舌には小さなブツブツが一面に並んでいるよね。「舌乳頭」といって、ここに味の受信器である「味蕾」があるよ。舌全体に5000～1万個あって、味蕾の先にある「味孔」に食べ物の成分が入り、味細胞は刺激を受けて脳に味を伝えるよ。人間が認識できる基本的な味は、しょっぱい「塩味」、酸っぱい「酸味」、甘い「甘味」、苦い「苦味」、うまい「旨味」があるよ。

関節を曲げたときにポキッと音が鳴る？

指などの関節を曲げたときに「ポキッ」と音が鳴るかな？

ポキポキと骨を鳴らすと関節に悪い？

指などの関節がポキポキと鳴る人はいるかな？　手の指以外にも音が鳴る人もいるよね。音の正体は、関節内で発生した気泡がはじける音だよ。関節の間にはほんのわずかなすき間があって、「関節包」という袋のようなもので覆われているんだ。このなかには「滑液」という液が入っていて、関節を動かすための潤滑油のような役割があるよ。

関節を曲げたり伸ばしたりすると、関節のあいだのすき間が広がって、滑液内に気泡ができて、はじけたときに「ポキッ」という破裂音がするんだ。この発生した気体がもとの状態に戻るまで20分ほどかかるよ。だからすぐに連続して鳴らすことができないんだ。関節を鳴らし続けていると、関節が太くなる、関節に傷がつくといった説があるけど、結論は出ていないよ。

しゃがんだときに
ヒザの関節が
鳴る子もいるよ

骨は増える？　減る？
子どもと大人、骨の数が多いのはどっち？

全身の骨の数が多いのは、子どもと大人のどちらかな？正解は子どもが約300本、大人が約200本で、子どものほうが骨の数が多いよ。大人のほうが体が大きくて骨の数は多そうに感じるかもしれないけれど、実際は子どもから大人へ成長するにつれて、骨と骨がくっついて数が減っていくんだ。

例えば赤ちゃんのひたいの骨は左右に分かれていて、だんだんと大きく成長するとくっついて、1つの骨になるよ。こうしてさまざまなところの骨がくっついて、最終的に男性は18歳前後、女性は15歳前後に200本くらいになるよ。

不思議！

その2

人間ができそうでできないこと

その①（P20～21）も
チャレンジしてみて！

おでことつま先を壁につけて立つと、背伸びができない

おでこ
つまさき
背伸びできない

壁に向かって立って、おでことつま先を壁につけてみよう。この状態で背伸びをしようとしてもできないよ。背伸びをするときには、体の重心が前に移動するんだけど、壁にくっついているとできないんだ。かかとを一瞬だけ上げるのなら、できるかもね。

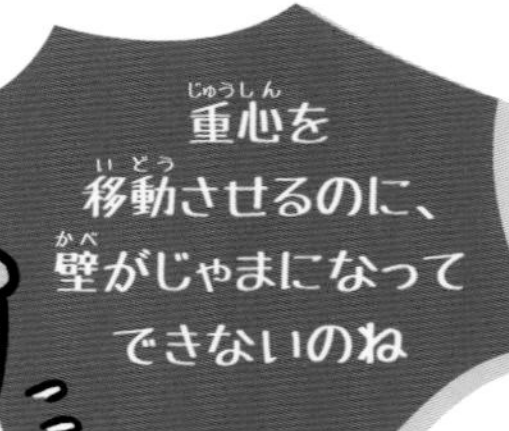
重心を
移動させるのに、
壁がじゃまになって
できないのね

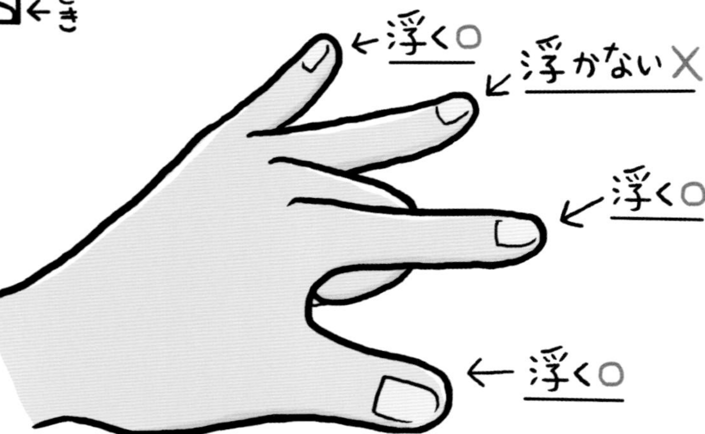
浮く○
浮かない×
浮く○
浮く○

薬指だけ動かすことができない

机の上に手のひらをつけて置いて、中指だけ曲げた状態にしてみて。この形から、親指だけを机から浮かせてみよう。次は人差し指だけを浮かせてみて。しかし、薬指は浮かせることができないはず！　小指は動かすことができるよ。

PART 2
さがしてみよう・くらべてみよう

さあ、
人間についての
データを取る
わよ！

たくさんの
違いがあるん
だね

動きの違いだけじゃなくて
形や色も違うぞ？
肌や髪の毛の色、大きさも
違うわね
あと、あったり
なかったりする
器官がある
らしいの
びっくり！

それは「進化」が
関係していて
人間は5億年
かけて
体の形が変化して
きたけどその名残がある
人間もいるんだって
5億

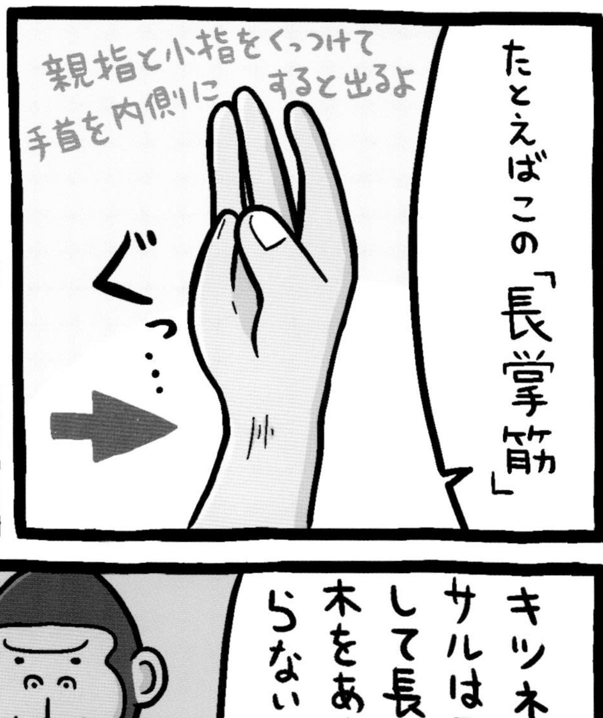
たとえばこの「長掌筋」
親指と小指をくっつけて手首を内側にすると出るよ
ぐっ…

地面に穴を掘ったり、樹上で生活する哺乳類に発達してる筋肉なの

キツネザルやサルは発達して長いけど木をあまり登らない
ない…
ぐっ
ゴリラやチンパンジーは退化して短くなってることが多いの

退化してなくなってる人間もいるわ
なくても大丈夫なの!?
進化の途中で使わなくなった部分は退化して小さくなったりするの
コソ…
すごーい！よく知ってるね～
まぁね♡
人間の本

友達と自分の耳の形をくらべてみよう

友達や家族と耳の形をくらべてみよう。
人によって「ある部分」があったりなかったりするよ。

よく見てみないとわからない!?

耳の形は、ほかの人と見くらべてみると、大きさや耳たぶの形など人によって違いがあるよね。犯罪捜査で、変装した犯人を見破るために耳の形を照らし合わせる方法もあるんだ。

動物の頭から出ている耳の部分を「耳介」というよ。人間の耳介のまわりのフチには、くねくねとしたヒダがあって、フチが内側に巻き込まれた形になっているよね。このフチを「耳輪」といって、この上部分のフチにあるすこしとがった部分を「ダーウィン結節」と呼ぶんだ。これは人類の進化の名残で、およそ4人に1人の割合であって、ない人のほうが多いよ。

とがった耳があるイヌやネコなどの哺乳類は音に敏感だよ。人間は言葉を使うことでほかのサル類よりも声を安定して聞き取れるようになったため、耳の形が退化して丸くなったんだ。

体のなかでいちばん大きな骨は「もも」いちばん小さな骨は「耳のなか」にあるよ

人体でいちばん大きな骨はももの部分の「大腿骨」で、ヒザから足のつけ根までの骨だよ。大きさは人によって差があるけれど、おおよそ身長の4分の1の長さだよ。

そしていちばん小さな骨は、耳にあるよ。「あぶみ骨」といって、長さは2.6～3.4㎜、重さは0.002～0.0043ｇ。耳には「耳小骨」という、こまくの音の震えを耳の奥へ伝えるための3つの小さな骨があって、そのうちの1つがあぶみ骨だよ。乗馬の道具で、足をかける「あぶみ」に形が似ていることからこの名前がつけられたよ。

足の指の関節を数えてみよう

手の場合、親指は第2関節まで、
それ以外の4本は第3関節まであるよね。足はどうだろう？

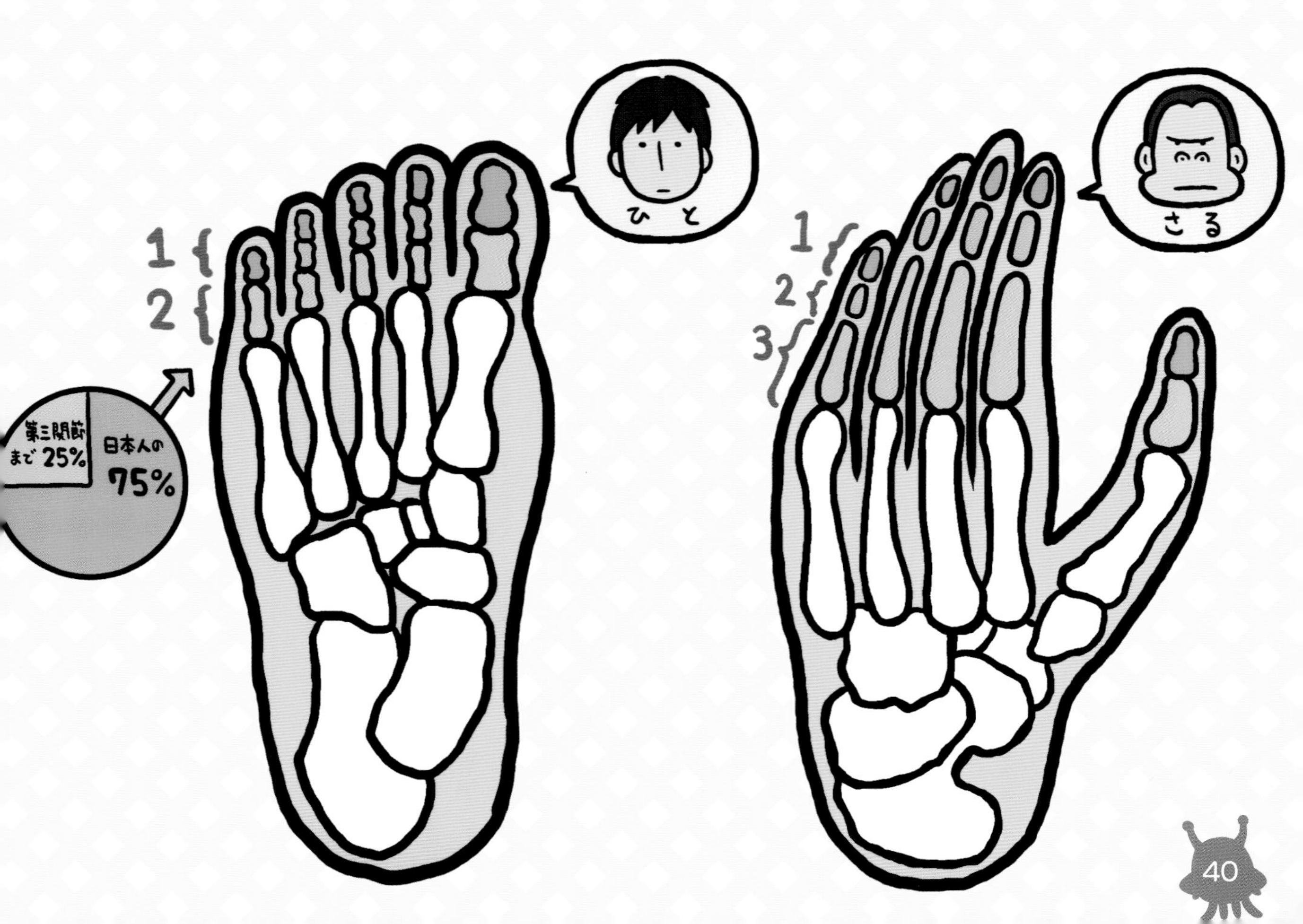

サルの足の小指は第3関節まであるけれど、人間の足の小指の骨は退化してきているんだね

なぜかタンスの角に小指をぶつけてしまう…体の「固有感覚」って？

タンスや椅子の角に小指をぶつけて痛い思いをしたことがある？「何度もある！」というのにはワケがあるんだ。人間の体には、いま自分がどのように動いて、どんな位置にいるかという情報を認識する「固有感覚」という能力があるよ。この感覚が脳に情報を伝えて、動くときに周りの人やものにぶつからないようにしているんだ。

しかし、人間の固有感覚よりも10 ~ 15㎜ほど、つまり小指の1本分、現実の足の幅が飛び出ているのではないか…という説があるよ。人間は足の小指だけ固有感覚ではコントロールできていないからぶつけてしまうんだね。

小指の骨がなくなってきている！

足の指は手の指よりも短いけれど、立つときや歩くときのバランスを取るために、とても重要な役割があるよ。足は親指は第2関節まで、人差し指、中指、薬指は第3関節まであるよ。そして小指は、第2関節まである人と、第3関節まである人がいるんだけど、第3関節まである人は少なくなってきているそうだよ。ある調査では、第2関節までの人は欧米人で35~48%、日本人では75%いるといわれているよ。人類は以前、木の上で生活をするために足の指を使っていたけれど、二足歩行をはじめてから進化の途中で小指の骨がなくなりつつあるよ。

また、ウマのひづめは角質でツメの一種。つまりウマは中指の1本で歩いているよ。イヌやネコは前足に5本、後ろ足に4本の指があって、どの指も3本の骨で構成されているよ。

今生えている歯の数を数えてみよう

生えている歯の数を数えてみよう。また、形はどうかな？

歯には「乳歯」と「永久歯」があるよ

同じ年齢の友達とくらべて、今生えている歯の数が違っているかもしれないね。それは、小学生になるころから15歳前後になるまで、「乳歯」が「永久歯」に生え変わっていくからだよ。永久歯は3歳くらいから乳歯の根元を栄養にして、歯茎のなかで少しずつ成長しながら、生えてくる準備をしているよ。乳歯の数は20本で、永久歯の数は28～32本。頭や体が小さなうちは、子どものアゴのサイズにちょうどいい乳歯が生えていて、大人になると乳歯よりも大きいサイズの永久歯になるんだ。

10代後半からいちばん奥に生えてくる歯を「親知らず」といって、生えてこない人もいるよ。変な方向に生えてきてほかの歯のじゃまになったり、歯ブラシが届かなくて虫歯になったときには、歯医者さんで抜くことが多いよ。

縄文時代は硬いものを食べていたから、しっかりしたアゴを持っていたけど、今はアゴが小さくなって親知らずの生えるスペースがせまくなったんだって

「もぐもぐ」は哺乳類の証し いろいろな形の歯が必要だよ

ごはんを食べるときに口のなかで食べ物を「もぐもぐ」するのは、じつは哺乳類だけなんだ。ヘビやワニなどには噛み切った食物を口のなかにためて噛みくだくスペースがないから、丸のみするよ。もぐもぐするためには、口のなかのスペースのほかにも、食べ物をスムーズに飲み込むための唾液、そして役割によって使い分けることのできる歯が必要だよ。人間には野菜や果物を噛み切るハサミの役割の「切歯」、肉を噛み切るナイフのような「犬歯」、そして食べ物をすりつぶす「小臼歯」と「大臼歯」があるよ。

肌、瞳、髪の色をくらべてみよう

自分や友達の肌や瞳、髪の毛の色を見てみよう

多 メラニン色素の量

肌が日に焼けると黒くなるのも、「メラノサイト」という色素細胞がメラニン色素を増やすから。これも紫外線から一時的に細胞を守るための反応だよ

髪やつめは切っても痛くない…人間は「死んだ細胞」に守られている！

髪の毛は切っても痛くないよね。それは髪の毛が「死んだ細胞」だからだよ。髪の毛は皮膚のいちばん外側にある角質の細胞が「ケラチン」というタンパク質で満たされて変化したもの。髪の毛の根元にある「毛球」で作られて、すぐに細胞が死ぬんだ。毛球で新しい髪の毛がどんどん作られて押し出されて伸びていくよ。皮膚の外に出たときにはすでに死んでいるから、切っても痛くないよ。でも毛球は生きていて神経や血管もあるから、毛を無理に引っ張ったら痛いし、出血もするよ。「つめ」や皮膚を覆う「角質」も同じように、死んで押し出された細胞だよ。

「メラニン色素」の量で変わるよ

肌や瞳、髪の毛の色は「メラニン色素」の量によって変わって、多いと黒く、少ないと白くなるよ。髪の毛はメラニンが多い順に、黒、茶色、ブロンド、白になるよ。肌の色は黒、黄色、白だよ。瞳の色（「虹彩」という黒目のまわりの部分）は、茶色、緑色や灰色、青色になるんだ。人種によってメラニンの量が違うのは、紫外線の量が関係しているといわれているよ。日光の量が多かったり、日が当たる時間が長いと、太陽光に含まれている有害な紫外線から体を守るためにメラニンが大量に作られるよ。

瞳の色は、メラニンが多いと光の波長が吸収されて色が濃くなって、黒や茶色に見えるんだ。少ないと光が吸収されずに反射して、緑色や青色になるよ。色が薄いと、光を通しやすくてまぶしさを感じやすくなるよ。

実は責任重大な肝臓

大人がお酒を飲んで酔っぱらうのはなぜ？

大人がお酒を飲んでいる様子を見たことがあるかな。顔が赤くなっていたり、呂律が回っていなかったり……いつもの状態とは違うよね。それはお酒に含まれる「アルコール」が脳を麻痺させている状態なんだよ。

お酒に酔っているのは、血液に溶けたアルコールが脳に届けられて、脳が麻痺した状態。お酒の強さは個人差があって、アルコールを分解する「酵素」の活性が強い・弱いで変わるといわれているよ。

お酒を飲むと目がグルグル回るの～!?

お酒を飲んだら体のなかで何が起こる?

～アルコールが体内で分解されるまで～

なんで子どもはお酒を飲んじゃいけないの?

「お酒は20歳以上になってから」といわれるのは、次のような理由があるよ。

①脳の機能が低下する
②肝臓などの臓器に障害を起こしやすくなる
③性ホルモンの分泌に異常が起きるおそれがある
④アルコール依存症になりやすくなる
⑤20歳未満の飲酒を禁ずる法律がある

また、アルコールを分解する酵素のはたらきが未完成だから、大人にくらべて飲酒による臓器の障害を引き起こす危険性がとても高いんだ。20歳未満からお酒を飲んでいると、脳の機能が下がり、記憶力や判断力、思考力、意欲などが低下してしまう確率も高くなるよ。

1 血液に溶け込んで全身を流れる

体内に入ったアルコールは、約20％が胃から、残りの多くは小腸から吸収されるよ。吸収されたアルコールは血液に溶け込んで、体中を流れたあとに、肝臓へ運ばれるよ。

2 肝臓で「アセトアルデヒド」になる

肝臓ではアルコールの約90％が代謝されるよ。アルコールは「アセトアルデヒド」に分解されるよ。このアセトアルデヒドは、顔が赤くなったり、動悸や吐き気、頭痛を引き起こす原因になるよ。

※肝臓で分解されきれなかったアルコールは、肝静脈を通って心臓に送られ、全身を流れてまた肝臓に戻ってくるんだ。

3 「酢酸」になる

アセトアルデヒドがさらに分解され、「酢酸」になるよ。

4 体の外に出される

酢酸は体にとって無害な物質。全身をめぐるうちに、水や炭酸ガスに分解されて、体外に排出されるよ。

※飲んだアルコールのうち、約10％は汗や尿、呼気として体の外に出されるよ。

血液型は何型かな？

血液検査で血液型を調べたことがあるかな？

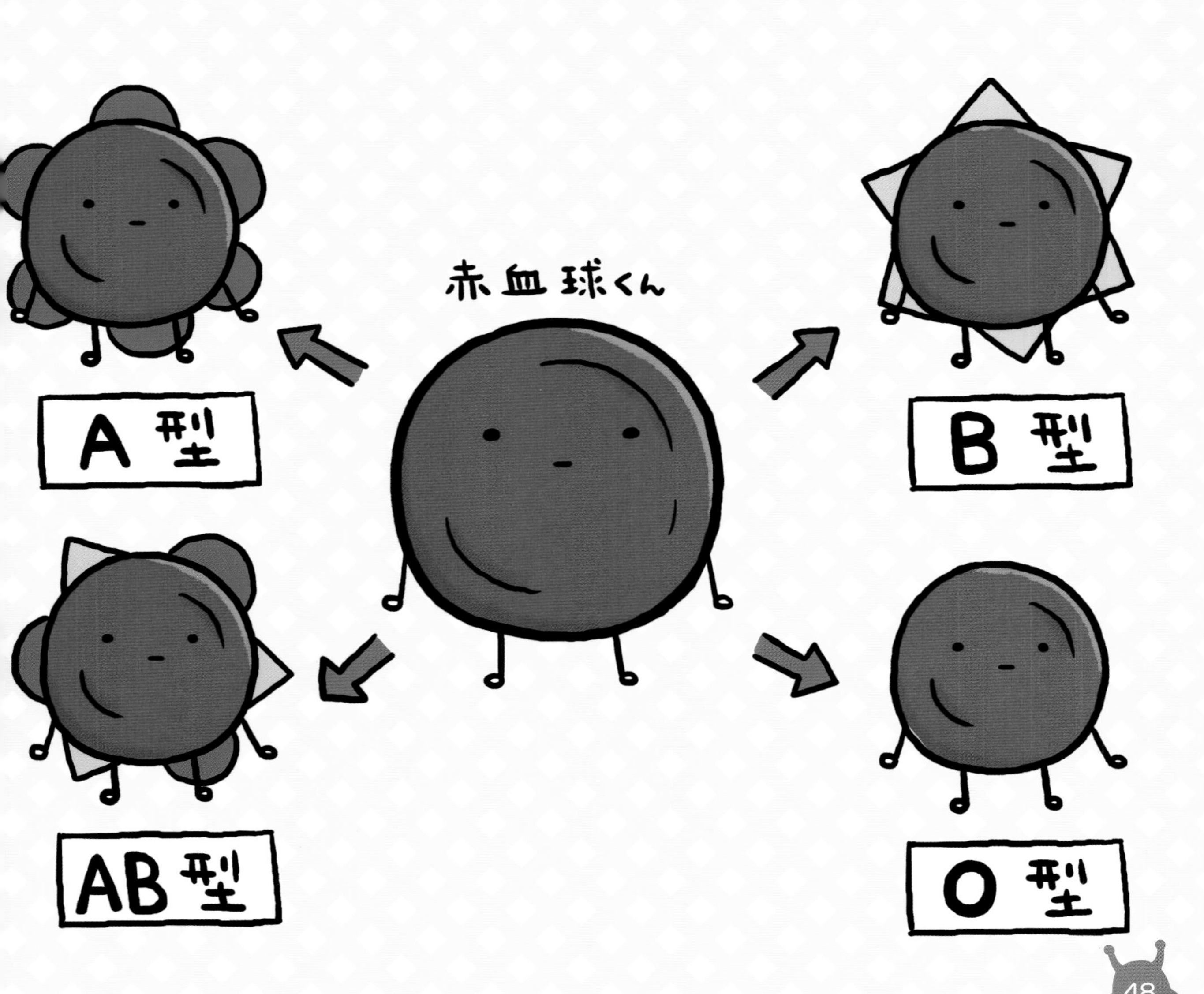

血液型は「ABO式」と「Rh式」で見ることが多いよ

血液型には、「ABO式」で分けるA型、B型、O型、AB型が有名だね。それぞれ血液のなかにある「赤血球」の表面にある物質の違いによって分けられているよ。昔は、O型は「C型」といわれていたよ。A型はA型物質、B型はB型物質をもっているんだけど、C型は物質を持たないもので、数字の0から「0型」としたところ、アルファベットのOと間違えられてO型になってしまったそうだよ。

また、「Rh式」もあって、輸血にも使用されやすい「抗体」がある人は「Rh＋」、ない人は「Rh－」となるよ。日本人の約99・5%がRh＋だそう。人間の血液型は何十種類にも分けることができるけど、輸血のときに必要となるのが、このABO式と、Rh式だよ。

ドイツ語の「～ない」を意味するohne（オーネ）の頭文字から0型になったという説もあるよ

人類の祖先はA型だった！ゴリラはB型しかいない！

血液にタイプがあることが発見されたのは1900年。オーストリアの病理学者カール・ラントシュタイナーが、人の「血清」に他人の赤血球を混ぜると血液が固まる場合と、固まらない場合があることを見つけたんだ。血液型はO型がいちばんシンプルな構造だったから、人間の祖先はO型という説が有力だったけど、DNA解析の結果、現在ではA型という説が有力になっているよ。チンパンジーの血液型はA型とO型。ゴリラはB型のみ。オランウータンはA型、B型、O型、AB型だよ。ヒト、類人猿、サルの共通祖先はA型だったことが明らかにされたよ。

指の指紋の形をくらべてみよう

指の腹をよーく見てみて。指紋の形を指1本1本見てみよう。

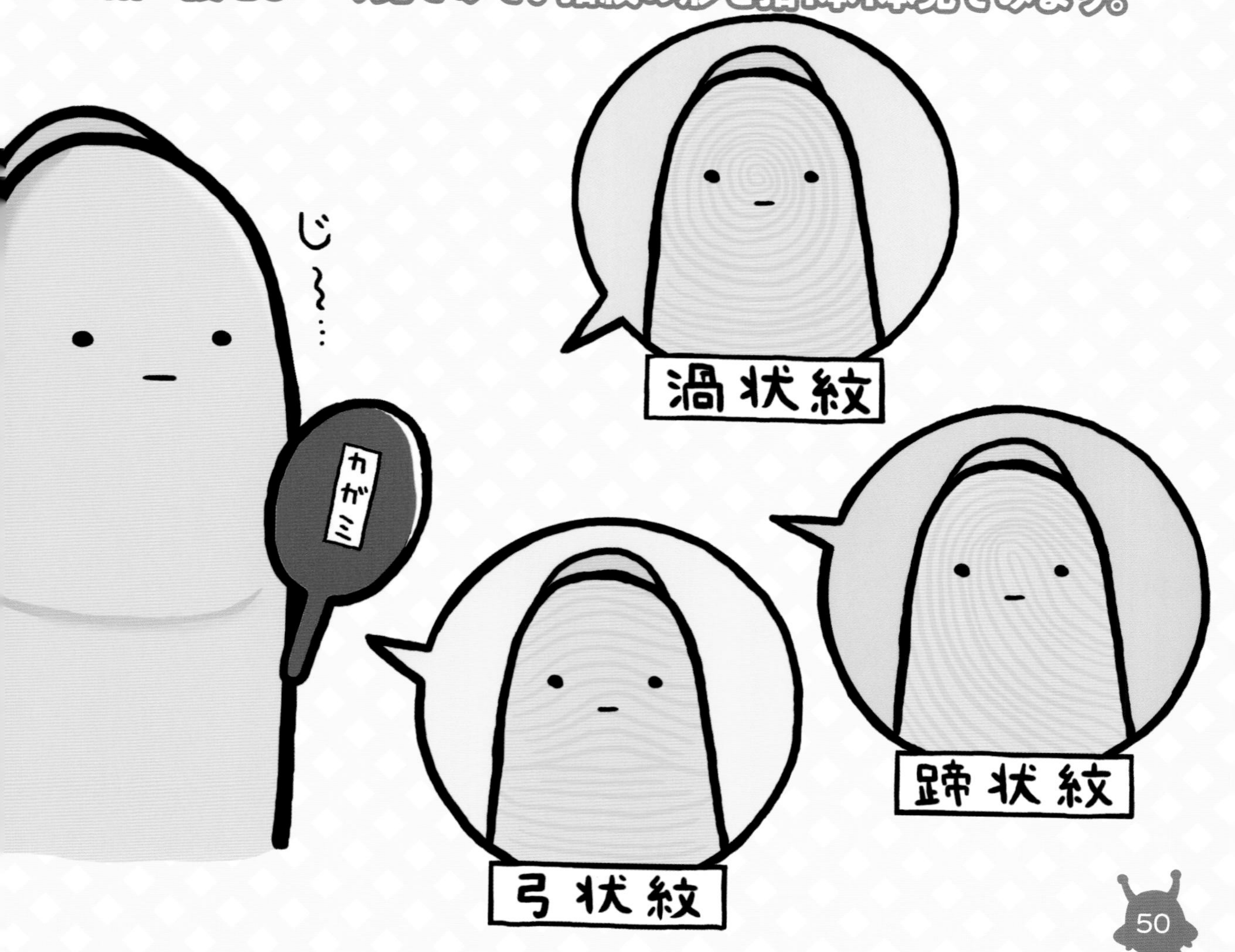

人間の手が
器用に使えるのは
指紋のおかげでも
あるんだね

人間以外にも指紋のある動物
コアラの指紋は人間にそっくり！

指紋を持つ動物はとても少なくて、サルやゴリラなどの霊長類、コアラ、フィッシャーがいるんだ。フィッシャーはイタチの仲間で、木登りが得意で狂暴な動物だよ。コアラは1日に20時間近くを木の上で寝てすごしているよ。指紋がある動物は物をしっかりとつかんだり、木に登ったりするのが得意なんだね。ちなみに、コアラの指紋は人間とそっくりで、電子顕微鏡を使っても、コアラか人間かを判断するのが難しいといわれているよ。

また、牛には「鼻紋」といって、指紋と同じように鼻にそれぞれ異なる細かい模様があるよ。

一生変わらない自分だけの模様だよ

指先を見てみると波のような細かい模様があるよね。足の指にもあるよ。「指紋」といって、自分と同じ形の人はいないんだ。形の種類は大きく分けて「弓状紋」「蹄状紋」「渦状紋」の3つがあるよ。指1本ずつ形が違っていて、異なる種類の組み合わせを持つ人も多いよ。

指紋は19週目あたりの胎児に現れて、一生変わることがないんだ。もしケガをしても、ケガをする前の形に再生されるよ。だから「生体認証」といって、「これは自分です」という証明に指紋が使われたり、犯罪捜査では犯人が現場に残した指紋を証拠にしたりするんだ。

指紋には、細かい凹凸がすべりどめの役割となって物がつかみやすくなる、指先の感覚が敏感になるなどの利点もあるよ。しかしなぜ指紋ができたのか、その理由はわかっていないよ。

友達(ともだち)と背(せ)の高(たか)さをくらべてみよう

友達(ともだち)やきょうだいとくらべてみよう。また、1年間(ねんかん)でどれくらい伸(の)びたかわかるかな？

骨が伸び続けるのはいつまで？

身長は全身の骨が少しずつ伸びることで高くなるよ。子どもの骨の両端には「成長板」という軟骨層があるんだ。ここには骨をつくる「軟骨細胞」や「骨芽細胞」「破骨細胞」がたくさんあって、これが成長ホルモンのはたらきによって、分裂をくり返しながら骨が伸びるよ。さらに、思春期には骨芽細胞のはたらきを高める「性ホルモン」が増えて骨が伸びるんだ。

成長板の軟骨細胞はあるところまで成長すると分裂をやめるよ。成長板がなくなると、身長はそこで止まるといわれていて、一般的には女性は15～16歳、男性は18歳ごろだけど、20歳くらいまで伸びる人もいるよ。身長は遺伝的要素もあるけれど、睡眠、運動、食事などがとても大切だよ。寝ている間に成長ホルモンが分泌されるから、睡眠は成長に重要なんだ。

身長が伸びるときに、
足が痛くなったことはあるかな？
「成長痛」といって、
3歳ごろから小学校の低学年に
多く見られるらしいよ！

身長は朝起きたときがいちばん高くて夜に寝るときがいちばん低い！

1日のなかでいちばん背が高くなるときがあるよ。それは朝起きたとき。背骨の間には「椎間板」という部分があって、これは背骨にかかる衝撃をやわらげたり、背骨がしなやかに動くようにするために、ゼリー状の物質でできているんだ。とてもやわらかいから、朝起きてから歩いたり座ったりしていると、頭や体の重さによってだんだんとへこんでいくよ。

だから夜は朝にくらべてすこしだけ身長が低くなるんだ。その差が2cmほどになる人もいるよ。夜に横になって寝ていると、次の日の朝には椎間板は元通りになるよ。

人間に魚の「エラ」の名残がある！

人間は肺呼吸だからエラはないけど、名残は残っているんだよ。

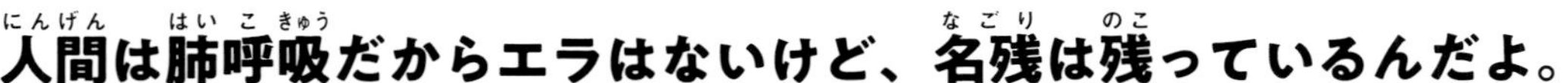

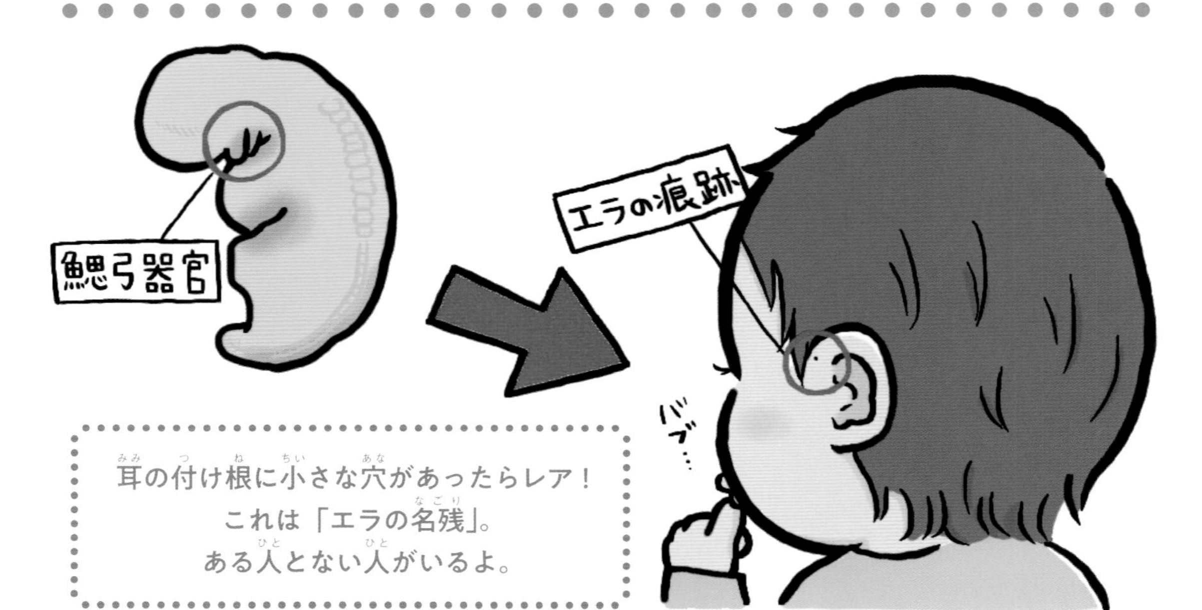

耳の付け根に小さな穴があったらレア！
これは「エラの名残」。
ある人とない人がいるよ。

エラとして
使っていたものを、
人間は進化の過程で
別の器官に
変えたのね！

人間の祖先は魚のような形をしていて、水中でくらしていた時代があったよ。水のなかで呼吸をするために必要なのは「エラ」だよね。魚時代に「ヒレ」だった部分が人間の手足になったんだけど、エラは何に変化をしたと思う？　じつは、魚だった時代のエラは、人間になった今でも痕跡があるよ。

人間の胎児は初期のころは5㎜くらいの大きさで、ノドのあたりにお団子のようなものが並んでいるよ。これを「鰓弓器官」というよ。これは魚の胎児のときにもあって、この部分が成長するとエラになるよ。人間の胎児のノドにも、魚のエラになる部分があるんだ。これは成長すると脳神経の一部になるよ。

PART 3

どうしてこうなるの？

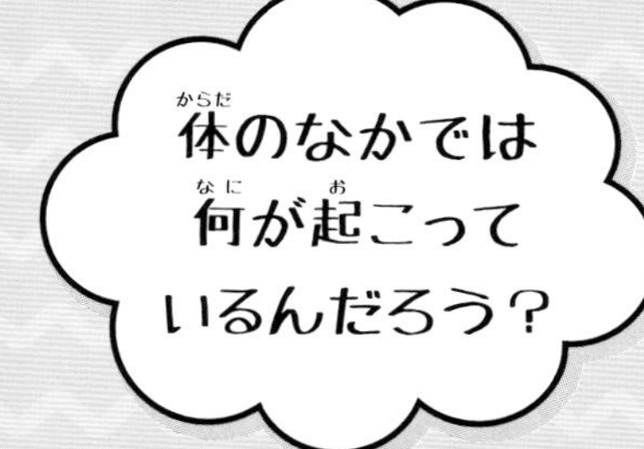
体のなかでは何が起こっているんだろう？

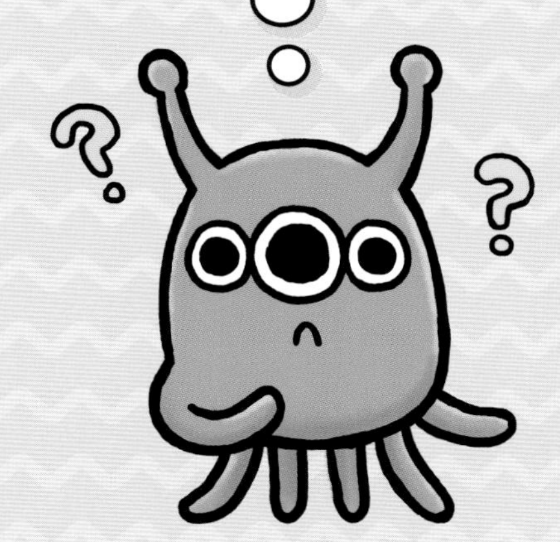

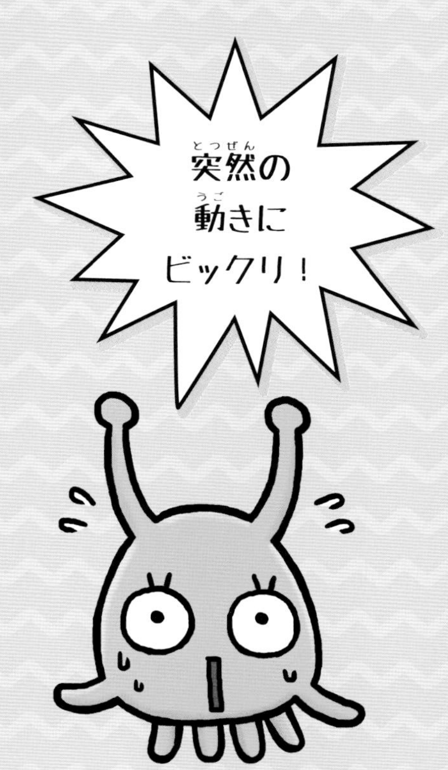
突然の動きにビックリ！

ふぁ…くしゅん!!
ビックリした〜
くしゃみをしているわ

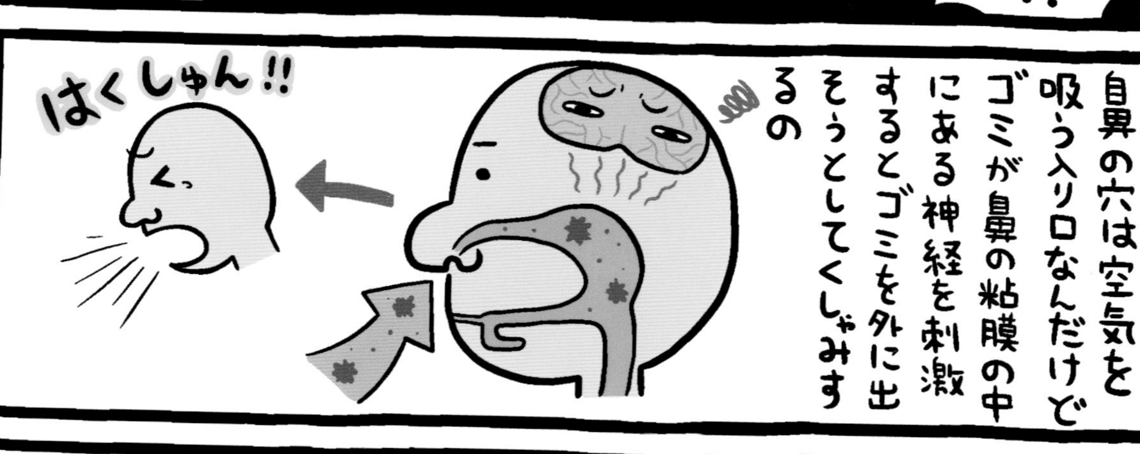

鼻の穴は空気を吸う入り口なんだけどゴミが鼻の粘膜の中にある神経を刺激するとゴミを外に出そうとしてくしゃみするの
はくしゅん!!

それにしてもいきなりだったね

まだビックリしてるの?笑

それは"反射"といってね

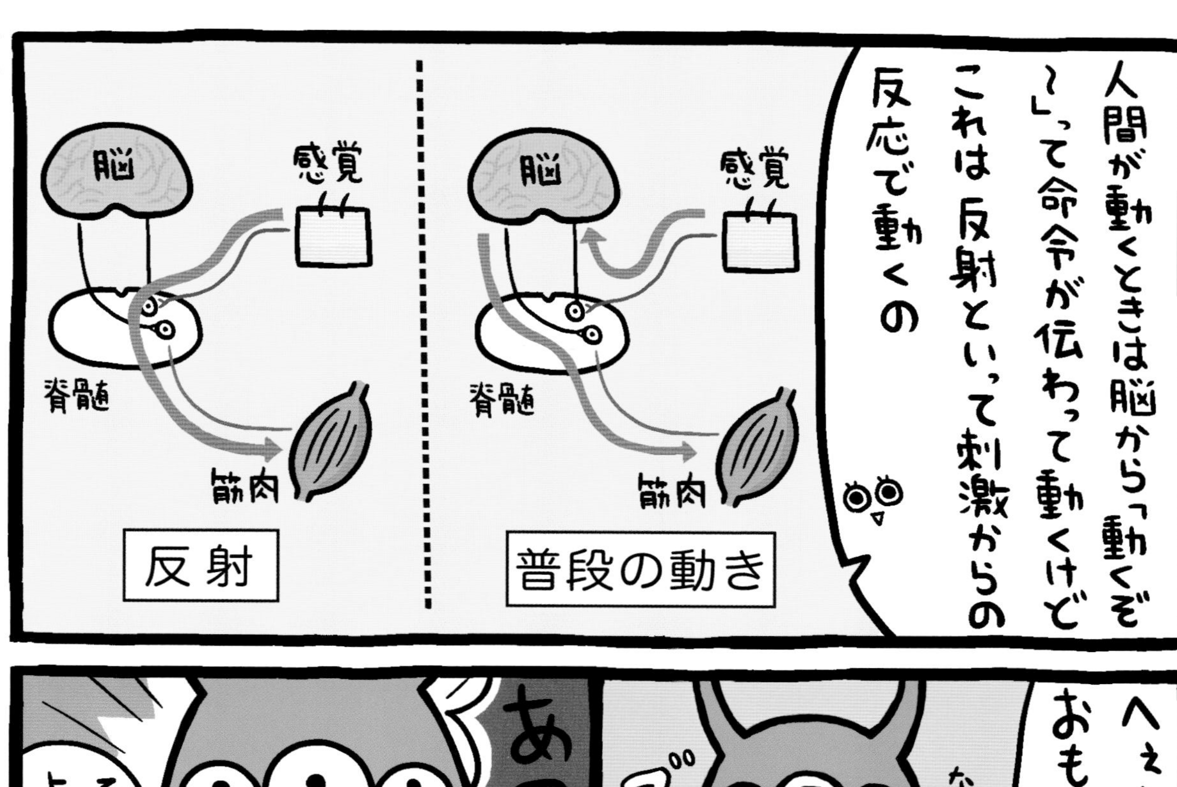
人間が動くときは脳から「動くぞ～」って命令が伝わって動くけど
これは反射といって刺激からの反応で動くの
脳
感覚
脊髄
筋肉
反射
普段の動き

へぇ～～おもしろいね～
なるほど～
ズズ…
茶
あっっ!!
バッ
それも反射よ

「手を引っ込めよう」って脳で思う前に引っ込めたでしょう。
脳にいく前に脊髄という部分が指令を出したの
ね？
初耳です
ぼく…脊髄あるんだ…

かき氷を食べると頭がキーンとする

かき氷をたくさん食べた瞬間、突然頭にキーンとした痛みが走ったことのある人はいるかな？

冷たいものを
早く食べたときの
ほうが、ゆっくり
食べたときに
くらべて、頭痛が
起こりやすくなる
みたいだよ〜

冷たいものを食べたときに歯がしみるのはなぜ？

　虫歯は見あたらないのに、冷たいものや水が歯にしみることはあるかな？　それは「象牙質知覚過敏症（知覚過敏）」かもしれないね。歯茎が下がって歯の根元が外に出てきたときによく起こるよ。歯の根元は「セメント質」で覆われていて、とても軟らかいから、歯磨きなどの刺激ではがれてしまうんだ。

　ほかにも歯の表面をコーティングしている「エナメル質」が減ったときも、冷たいものの刺激に弱くなってしみることがあるよ。また、冷たいもの以外にも、チョコレートなど特定のものを食べたときにしみる場合もあるんだ。

原因は2つあると考えられているよ

　かき氷を食べて頭がキーンとするのは、口の中の温度が急に下がることによって、体が反射的に「体温を上げよう」と判断して、頭に通じる血管を広げて流れる血の量を増やすからだよ。すると、頭の血管に一時的な炎症が起きて、そのときに痛みが発生するよ。もうひとつは、冷たい氷がのどを通ったときに、三叉神経が刺激されて発生する伝達信号の回路が混乱して、脳が痛みと勘違いしてしまうからという説だよ。

　医学用語で「アイスクリーム頭痛」と呼ばれているんだけど、アイスクリームを食べて頭が痛くなったことはあるかな？　アイスクリームのほうが温度は低いけど、アイスクリームは凍っている部分が少なく、脂肪が熱の伝達や吸収をやわらげるはたらきがあるから、かき氷を食べたときのような頭痛は起こりにくいんだ。

熱(あつ)いラーメンを食(た)べると鼻水(はなみず)がダラダラ…

ラーメンをすすると鼻水(はなみず)が出(で)てくるよね。
ちょっと恥(は)ずかしい！

ラーメンの熱と湿度に反応して鼻水が出るよ

鼻の奥には「鼻腔」という空間が広がってい て、鼻腔の粘膜から粘液が分泌されているよ。 呼吸で吸い込んだ空気中に入っているゴミやほ こりを粘液がキャッチするよ。また粘液には、 鼻から取り込まれる空気の温度や湿度を一定に 保つためのはたらきもあるんだ。熱いラーメン を食べたとき、熱いままの空気が肺に入ると、 肺はダメージを受けてしまうよね。だから鼻へ 取り込まれた熱い湯気を感じると、粘液を出し て温度を下げるよ。そして湯気が鼻のなかで冷 やされて水になるから、水気が多いサラサラの 鼻水になるんだ。

また、寒いところで鼻水が出るのは、乾燥し た空気の湿度を上げるためだよ。これらを自分 の体を守るための「防御反応」というよ。

熱いラーメンやそばなどを食べると鼻水が出るけど、冷たいそうめんのときには鼻水は出ないよ

寒いところで鼻が赤くなるのは広がった血管が透けて見えるから

寒いところに行くと鼻が赤くなるのも防御反応だよ。冬に暖かい部屋と寒い外を行ったり来たりすると、血管は拡張と収縮をくり返すよ。すると拡張したままになってしまうことがあって、鼻の皮膚はとても薄いから、血管が透けて鼻が赤く見えるよ。

また、腹が立ったときや恥ずかしくなったときに顔が赤くなるのも、皮膚の下の毛細血管が広がるからだよ。興奮したり緊張したりすると、「アドレナリン」というホルモンが出て、体内を流れる酸素の量が増えて、呼吸や心臓の動きが速くなるんだ。すると血液の量が増えて、血管が広くなるよ。

怖いと思ったときに肌がゾワゾワ～！

肌がブツブツになるのを「鳥肌が立つ」というよね。
驚いたときや寒いときにもこうなるよね。

「ゾワゾワ」は体を守るための防御反応

毛根の近くにある「立毛筋」という筋肉が動くと肌がゾワゾワとするよ。立毛筋は自分の意思では動かすことができない筋肉で、「交感神経」によって動くよ。脳が恐怖や寒さを感じると感情が高ぶって交感神経が刺激されるよ。するとアドレナリン（P61）が出て立毛筋にはたらきかけるんだ。ぎゅっと収縮すると、ふだん寝ている状態の毛が、毛の根元が引っ張られて立った状態になるよ。これは毛穴を閉じて、外部からの刺激を守る「防御反応」だよ。

鳥肌はもともと恒温動物が体温を一定に保つために起こす生理現象だよ。寒いところで毛が立つと、毛と毛の間に空気が入って冷気から守られるから、体温が奪われないんだ。しかし人間は進化の途中で全身を覆う長い毛がなくなったから、あまり意味がないといわれているよ。

人間には
体を守るための
しくみがたくさん
あるね

ピンチのときに起こる動物たちの「反応」がすごい！

怖い！　と思ったときに顔がサーっと青くなったことはあるかな？　これも防御反応のひとつだよ。動物がキケンな状況になったときに、傷を負ってもあまり出血しないように、皮膚近くの血管を収縮させて、血流量を減らすんだ。

また、恐怖を感じたときには血液の「凝固作用」が高まることもわかっているよ。これも、出血をしたときに早く血を固めて出血を止めるためだと考えられているよ。ほかにも、交感神経のはたらきによって、周りの状況や相手をよく見ることができるように、瞳孔を拡大させたりする反応も起きるよ。

お腹(なか)が減(へ)ると グウ〜って鳴(な)る!

授業中(じゅぎょうちゅう)にみんながシーンとしているのに
お腹(なか)が「グ〜ッ」と鳴(な)ると恥(は)ずかしいよね。

「食後期収縮」といって、ごはんを食べたあとも胃は強く収縮するよ。このときもお腹からギュルギュルといった音が鳴るんだ

脳は「胃の動き」と「血糖値」で空腹を感じるよ

空腹時の胃の大きさはこぶし1つ分くらいだよ。胃の壁は、横、縦、ななめに伸び縮みする三層の筋肉でできているよ。ごはんを食べると筋肉が引きのばされて、その刺激が脳に伝わって「お腹がいっぱい」と感じるよ。「お腹がすいた」のサインは、胃壁の縮小を脳が感じ取ることと、血液中の「血糖値」の低下だよ。脳の神経細胞が活動するためにはブドウ糖が重要だから、血糖値の変化にはとても敏感なんだ。お腹がすいたときに甘いものを食べると頭がすっきりして元気になるのは、血糖値が上がって脳細胞にエネルギーが送られたからだよ。

胃腸が動いている証拠の音だよ

お腹がすいたときに音が鳴るのは、胃が動いて空気が出入りすることで起こるよ。胃は、入り口から出口へ向かって波立つように動いて、食べ物を腸のほうに運ぶよ。

十二指腸から分泌される「モチリン」というホルモンのはたらきで胃は強く収縮されるよ。これを「空腹期収縮」というんだけど、胃を収縮させて、胃のなかに残っていた食べ物を出口へ送り出し、胃を空っぽにして次の食事の準備をするんだ。このときに胃のなかの空気が激しく動くことで、グ～っという音が鳴るよ。人に聞かれると恥ずかしいけれど、胃が活発に動いている証しだよ。しばらくすると音が止まるけど、この空腹期収縮は90分～2時間くらいの間隔でくり返し起こるから、ごはんを食べないままでいると、またグ～っと音が鳴るよ。

ドキドキすると手に汗をかいてしまう

汗をかくのは暑いときだけではないよね。
緊張したとき、恥ずかしいとき、怖い思いをしたときにも
汗をかくよね。

「汗の種類」でにおいが違うよ

緊張したときにかく汗は「精神性発汗（緊張汗）」といって、手のひらやワキの下、足の裏などにかくことが多いよ。ストレスによって自律神経が乱れることが原因と考えられているけれど、詳しいことはわかっていないいんだ。暑いときにかく汗は「エクリン腺」から分泌されて、ほとんどが水分だよ。だけど緊張したときにはほかに「アポクリン腺」からも出て、暑いときの汗よりもタンパク質やミネラルが多く含まれているため、においも強いんだ。

また、疲れているときやストレスがたまっているときも、汗のにおいがいつもよりきつくなるといわれているよ。「疲労臭」や「ストレス臭」といって、疲労やストレスの影響で血液中のアンモニア濃度が高くなり、それが汗と一緒に出されるからだよ。

手のひらや足の裏に汗をかくのは、人間の祖先が木に登ったり、狩りをしたりするときに手足がすべらないように役立っていたからという説もあるよ

「うれし涙」と「悔し涙」も味が違うよ

悲しいときやうれしいときに流す涙のことを「情動性分泌」といって、感情によって涙の味が変わるよ。悲しいときや感動したときの涙は、副交感神経がはたらいているため、水っぽくて甘い味がするよ。ストレスホルモンとよばれる「コルチゾール」と一緒に体の外に出るから、泣いたあとは気持ちがスッキリするんだ。怒ったときや悔しいときの涙は、交感神経によって「ナトリウム」が多く含まれるため、しょっぱい味だよ。

また、泣いたときに鼻水も出るのは、涙腺で作られた涙が、鼻涙管に流れ込んでしまうからだよ。

赤ちゃんの反射いろいろ

人間の赤ちゃんにも、無意識に動いているたくさんの「反射」があるよ。赤ちゃんの成長によって、やがてなくなっていくよ。

モロー反射

まぶしい光や物音、ヒヤッとした感触などにビックリすると、手足をビクッとさせて何かに抱きつくような動作をするよ。「モロー反射」といって、生まれてからすぐに始まって、首がすわるころになくなるよ。

把握反射

生まれてから3カ月ごろまで見られる反射で、赤ちゃんの手のひらに大人の指を乗せると、ギュッとにぎるよ。足の指先に触れると、足の指を折り曲げるよ。「把握反射」というよ。

吸てつ反射

見えていなくても、口のなかに入ってくるものを吸う動きが「吸てつ反射」だよ。赤ちゃんの上唇に指を近づけると、吸いつくようなしぐさをするよ。この反射があるから、赤ちゃんはミルクを飲むことができるんだ。

エンジェルスマイル

赤ちゃんの本能によるほほえみを「エンジェルスマイル」というよ。ふとしたときや、ねむっているときにうれしそうな笑顔をする反応だよ。赤ちゃんは楽しいと思って笑っているのではなく「かわいがってね」と周りの大人の興味をひくための笑顔という説があるよ。

引き起こし反射

横になっている赤ちゃんの両手を持って、ゆっくりと上半身を引き起こすと、首がすわっていない赤ちゃんが、すこし頭を引き起こす動作が「引き起こし反射」だよ。

ハンドリガード

生後2〜3カ月の赤ちゃんが、自分の手をじーっと見つめて、動かしたりなめたりするのを「ハンドリガード」というよ。赤ちゃんが自分の体を認識し始めたときにする動きだよ。

足踏み反射

生後間もない赤ちゃんの両脇を支えて歩かせようとすると、赤ちゃんは片足ずつ前に出したり、体を前に倒して歩こうとするよ。これが「足踏み反射」だよ。

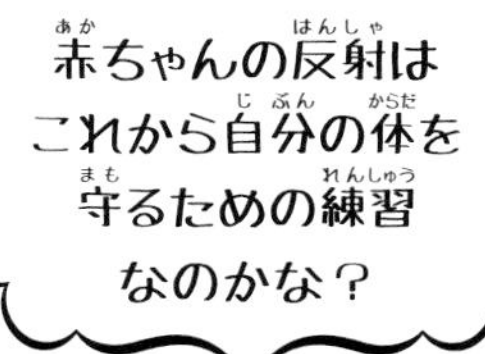

赤ちゃんの反射は
これから自分の体を
守るための練習
なのかな？

パラシュート反射

生まれてから9〜10カ月を過ぎたころに、うつ伏せの赤ちゃんを抱き上げて、頭を下のほうにした状態でおろすと、赤ちゃんは体を支えるように両手を広げるよ。「パラシュート反射」といって、このおかげで転んだときにすぐ手を前について体を守ることができるようになるよ。

バスに乗ると気持ちが悪くなる…

車やバスに乗っていて
気持ちが悪くなってしまうことはあるかな。
吐き気や頭痛など具合が悪くなってしまうことがあるよ。

以前に酔ったことがあると、
「また酔ってしまうかも…」と
不安に思う気持ちも原因に
なることがあるから、
できるだけ考えないように
するのもポイントだよ

電車に乗っていると眠たくなる〜

電車やバスに乗っていて眠くなってしまうことはある？　これはクラシック音楽を聴いていると眠くなってしまうのと同じしくみだよ。電車やバスの揺れやクラシック音楽には、気持ちをリラックスさせる「ゆらぎ」があるんだ。これは小川のせせらぎや、自然に吹くそよ風のように、予測できない変化や動きのことだよ。「f分の1ゆらぎ」が特に心地よいといわれているよ。ほかにもロウソクなどの炎の揺れや、波の音などにもリラックス効果があるよ。

車酔いは小中学生が起こしやすいよ

体の平衡感覚や動きを感じ取っているのは、耳の奥（内耳）にある「三半規管」だよ。3つの管を丸めたような構造をしていて、管のなかのリンパ液の動きから、体の回転運動を感知しているよ。車に乗っていて、車の揺れやスピードの変化などを感じていると、三半規管や内耳にある「前庭」で感じる情報と、目から入ってくる映像の情報にズレができて、自律神経が乱れることがあるんだ。すると気持ちが悪くなったり、頭が痛くなったりしてしまうよ。また、車内の温度や湿度が高かったり、キライなにおいがするなどの原因で起こることもあるよ。

乗り物酔いしないコツは、できるだけ頭が揺れないようにすること。大人よりも子どもが酔いやすいのは、自律神経の発達が不十分なことと、乗り物に慣れていないことが考えられるよ。

蚊に刺されるとかゆい！

夏になると知らないうちに蚊に刺されて かゆ～い思いをするよね。

「免疫反応」によってかゆみが起こるよ

蚊は血を吸うときに、細い口（針）を皮膚に刺すと同時に、少量の唾液を注入しているよ。唾液には麻酔となる物質や、吸っているときに血が固まらないようにする物質が含まれているんだ。蚊に刺されると、体に入った唾液を人体の「免疫」が異物だと認識して、排除するために戦うよ。これを「免疫反応」といって、このときに発生するのが「ヒスタミン」という物質。これがかゆみの原因だよ。ちなみに、蚊に刺されて少し経ってからかゆみを感じるのは、麻酔となる物質の効果が3分ほどあるから。

かゆみは、「いま異物と戦っています」という体からの信号なんだよ。刺されたところがはれるのは、血管を広げることで白血球を早く送り込んだり、熱をもつことで白血球を元気にする効果があるからだよ。

蚊はふだん
花の蜜を吸って
生活しているけれど、
成熟したメスの蚊だけが
産卵に必要なエネルギーを
得るために人間の血を
吸うよ

人間の指先は敏感だけど背中、太もも、ヒジは鈍感

人には外からの刺激を皮膚に受けたときに感じる「感覚点」というものがあるんだ。痛みを感じる「痛覚」、物に触れたときに生じる感覚の「触覚」、圧迫を感じる「圧覚」、皮膚温度よりも低い温度を感じる「冷覚」、皮膚温度よりも高い温度を感じる「温覚」などがあるよ。それぞれを感じ取る「センサー（受容体）」で感知するよ。体の部位によって感覚点の量に違いがあって、触点がいちばん多くて敏感なの指の腹だよ。背中や太もも、ヒジには触点が少なくて鈍感だよ。

机にヒジをぶつけるとビリビリする！

引き出しのなかから物を取り出そうとしたとき、
硬いイスにヒジをぶつけると…
腕全体がビリビリってしびれて痛いよね。

主要な神経だからしびれると痛い！

ヒジをぶつけたときに「ビリビリッ」としびれたように感じるのは、ヒジの少し出っ張った部分の内側にある「上腕骨内側上顆」という骨に強い衝撃が加わって、この骨の近くを通っている「尺骨神経」を刺激したからだよ。この神経は腕全体を走っている神経で、ヒジの周辺は体の表面近くを通っているんだ。そのため外からの刺激を受けやすく、ぶつけると腕全体がしびれたように感じるよ。

また、正座をすると足がしびれるのは、曲げている足に体重がかかり続けることで、足の血の流れが悪くなるからだよ。足の神経が酸素不足を起こして、はたらきが悪くなってしびれを感じるんだ。ふだんから正座をしていると、足を通る血管の近くにある細い血管が増えて、血流が悪くならずにしびれにくくなるそうだよ。

このヒジのしびれを、英語で「ファニーボーン（おかしな骨）」や「クレイジーボーン（狂った骨）」というよ！

スネをぶつけると超痛いのは刺激がダイレクトに伝わるから

スネはぶつけるとすごく痛いよね。怪力無双の弁慶さえもあまりの痛さに涙を流したことから「弁慶の泣き所」ともよばれているよ。骨のまわりは「骨膜」に覆われていて、そこには神経がはりめぐらされているよ。スネにはクッションとなる筋肉や皮下脂肪が少ないから、ぶつけたときの衝撃がダイレクトに骨膜の神経に伝わって、激痛を感じるんだ。

ヒジやくるぶしなども筋肉が少ないけど、「腱」で覆われていて面積も小さいから、ぶつけてもスネほど痛みは感じないよ。

緊張するとトイレに行きたくなってしまう…

緊張したときに体がブルっとふるえて、
トイレに行きたい感覚になるよね。
さっきトイレに行ったばかりなのに…。

膀胱は感情やストレスの影響を受けやすい

尿意をコントロールしているのは、体内の環境を整える「自律神経」だよ。自律神経は自分の意思ではコントロールできない神経で、「交感神経」と「副交感神経」に分かれているよ。交感神経がはたらいているときは、膀胱がふくらんでいて尿道が閉じているよ。そして膀胱に尿がたまったら尿意が起こるよ。副交感神経がはたらくと尿道の緊張がゆるみ、尿を出す準備が整うんだ。このように自律神経はそれぞれシーソーのように各内臓にはたらきかけて、体の調子のバランスをとっているんだ。

緊張すると、自律神経のバランスがくずれて、まだ尿がそれほど溜まっていなくても尿意を感じてしまうことがあるよ。だからトイレに行っても少ししか尿が出なかったりするよ。

冬や寒いときに
トイレが近くなるのは、
汗として出す水分が
少なくなって、おしっこの
量が増えるからだよ

緊張で手や足がガクガクしてしまうのはアドレナリンのせい

緊張したときに手や足が震えてしまうことがあるよね。あと、怒りでプルプル震えることも…。これは「アドレナリン」によるものだよ。アドレナリンが分泌されると、血液や心拍数が上がって、場合によっては体が震えるんだ。

動物にもアドレナリンは重要だよ。敵が現れると緊張するよね。逃げるべきか、戦うべきか、全神経を使って判断する必要があるときに瞬時に体が動く状態になっていなければ、動物にとって命とりになってしまう。そのためにアドレナリンによって全身に血液を巡らせて、急な動きに体が対応できるようにしているよ。

や〜人間には
いろいろな色や形
があったわー
そうねー

ぼくたちにはない
けど歯が一度抜け
替わったり
鼻から
水が出たり
お腹から音が鳴っ
たり不思議だな〜
あとは任せた!
メラニン色素の量
黒色
茶色
黄色
指の腱
ムズカシイ…
たくさんはムリ
海馬くん
渦状紋
弓状紋
成長板
ぐい〜ん

なんで？って思ったけど反射や反応は体を守るための機能だったね
おい
ぴ～♡
じーっ
じゅ
鼻水が温度を下げる
熱い湯気
血管を急速に広げてる
三叉神経
キーン
イタ～

いやぁ人間はおもしろい!! ボクらの仲間にも教えてあげよう！
そうね♡

しゅるるる
何か忘れているような
？

END

監修者

坂井建雄（さかい・たつお）

順天堂大学保健医療学部特任教授。大阪府生まれ。大阪府立天王寺高校卒。1978年に東京大学医学部医学科卒業後、東京大学医学部解剖学教室助手を経て、1984~1986年に西ドイツ、ハイデルベルク大学にフンボルト財団の奨学生として留学。1986年に東京大学医学部助教授、1990年に順天堂大学医学部解剖学第1講座教授、2019年から現職。解剖学の学習に不可欠な解剖学の教科書・図譜を多数手がけ、医史学にも造詣が深く、日本医史学会理事長を務めている。

参考文献

『医者も驚いた！ ざんねんな人体のしくみ』青春出版社 工藤孝文／『ざんねん？はんぱない！ からだのなかのびっくり事典』ポプラ社 こざきゆう、奈良信雄／『ざんねん？ はんぱない！ 脳のなかのびっくり事典』ポプラ社 こざきゆう、四本裕子／『知っておきたい カラダの不思議』丸善出版 恩田和世／『図解 眠れなくなるほど面白い 人体の不思議』日本文芸社 荻野剛志／『誰にも覚えがある体のおかしな反応の正体』河出書房新社 博学こだわり倶楽部／『もっと!! ざんねん？はんぱない！ からだのなかのびっくり事典』ポプラ社 こざきゆう、奈良信雄

できるかな？

人体おもしろチャレンジ

新発見！ 人間の脳・神経・反射のはなし

2020年12月10日 第1刷発行
2024年 9月 6日 第7刷発行

監修 坂井建雄
発行者 永松武志
編者 オフィス・ジータ
発行所 えほんの杜
〒112-0013
東京都文京区音羽2-4-2
TEL 03-6690-1796 FAX 03-6675-2454
URL http://ehonnomori.co.jp
印刷所 株式会社シナノ パブリッシング プレス
イラスト りゃんよ
装丁 華岡いづみ
本文デザイン 有限会社エムアンドケイ 茂呂田 剛、畑山栄美子
企画編集 株式会社ジータ 渡邊亜希子、立川 宏
校正 株式会社ヴェリタ
販売促進 江口 武

Printed in Japan
ISBN978-4-904188-60-6